浙江文化艺术发展基金资助项目

"八八战略"引领浙江生态文明建设新征程

中华蚕丝绸文化
影像研究与再创作

沈治国 沈峰 季晓芬 余连祥 主编

ZHEJIANG UNIVERSITY PRESS
浙江大学出版社
·杭州·

序言

蚕丝绸与生态文明有着密切的联系。栽桑、养蚕、缫丝、织绸的过程不仅是体系化的生产链，更是独具特色的文化丛。这些生产和工艺与周边环境形成相互适应的文明进展和生态循环。步入新时代，尤其在建设美丽浙江过程中，社会和公众对生态文明的认知和理解进一步提高，蚕丝绸产业也实现全方位的升级迭代，为艺术家和学者进行蚕丝绸文化影像研究与再创作提供了取之不尽、用之不竭的素材。

蚕丝绸文化不断吐故纳新、积淀发展，融物质文化、制度文化、行为文化和精神文化于一体，不断丰富生态文明建设的内涵。浙江农林大学牵头组织的创作团队和策展团队反复研究主题，深入调研，充分发挥摄影的记录功能和艺术特色，探索蚕丝绸产业、文化发展与影像跨学科创作的可能性，经过近一年时间准备，项目成果最终在中国丝绸博物馆进行集中展示，作品形态涵盖了摄影、装置、纪录片和文献等，完成了一个以影像作品为主的行业性综合艺术展览。

谨以此展览纪念“八八战略”实施 20 周年。

“八八战略”引领浙江生态文明建设新征程
中华蚕丝绸文化影像研究与再创作展组委会
2023 年 11 月 23 日

浙江文化艺术发展基金资助项目

“八八战略”引领浙江生态文明建设新征程

中华蚕丝绸文化
影像研究与再创作

项目负责人　沈治国　　策展人　拉黑

指导单位　九三学社浙江省委员会
主办单位　浙江农林大学、中国丝绸博物馆、浙江省摄影家协会
协办单位　浙江理工大学、湖州师范学院
合作单位　桐乡市文化和广电旅游体育局、桐乡市屠甸镇人民政府、
嘉兴市红霞农产品销售有限公司、桐乡市万锦堂濮绸文化创意有限公司、
浙江瑞帛汇丝绸有限公司

目录

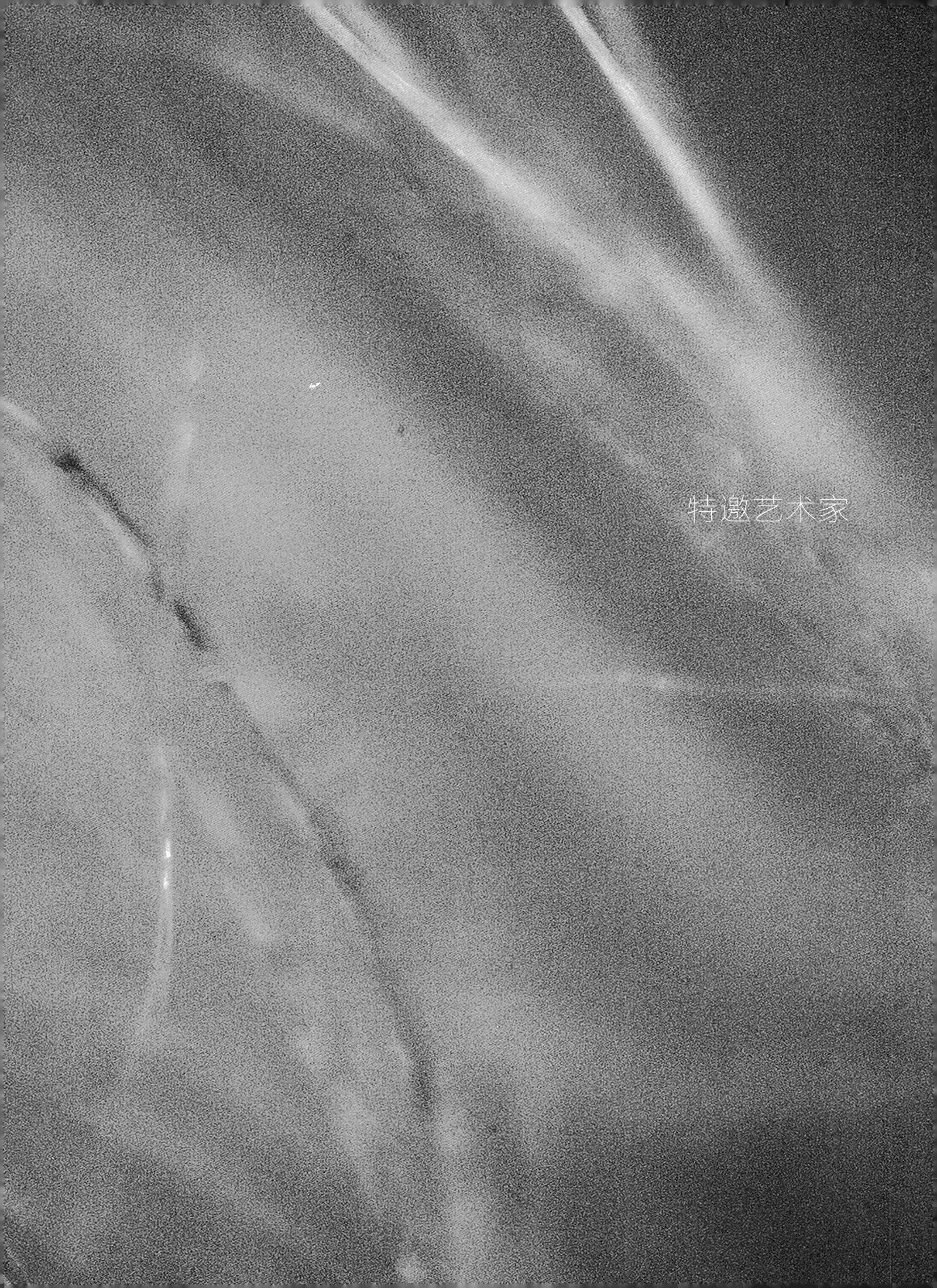

特邀艺术家

陈萧伊

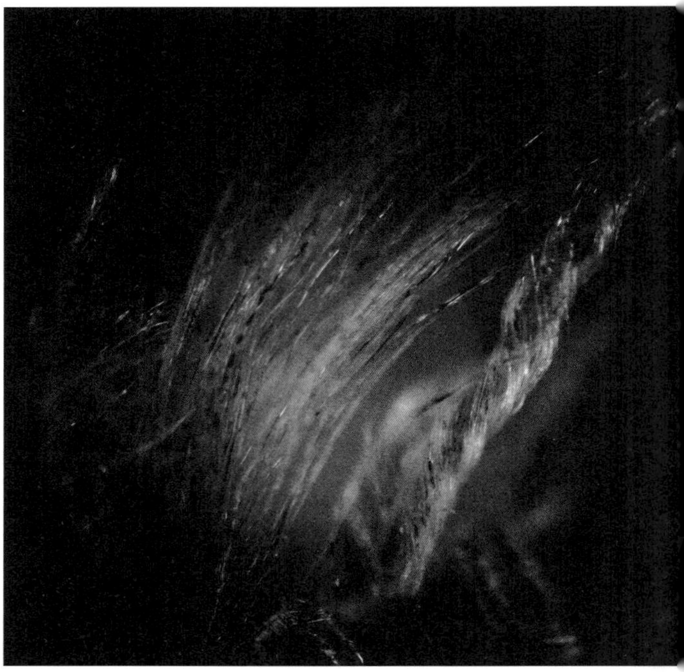

桑蚕在吐丝结茧后，便会迎来生命的终结，蚕丝诞生在那短暂的时空中，如一种秘语，蕴含了某种不可思议的生命能量，渺小而亘古。在创作中，我通过显微镜数次观察纵横繁复的蚕丝织物，以肉眼不可通达的维度，感知并想象桑蚕转瞬即逝的生命历程。镜头穿透织物表面的人工纹饰，通向丝织本身的结构，并回归于晶莹的蚕丝。细密的丝线如暗自呓语，回响于一个封闭的球体内部，这同时交叠了桑蚕与人的时间，也是一场微渺与磅礴共存的对话与聆听。在展览中，微观的蚕丝图像通过整体装置的形态展示，在被丝线包裹的空间中，影像以连接宇宙图景的方式超越日常织物，在宏观与微渺的跳跃间，透过交织的图像来复现这静谧之处的声响，通达这寻常物所蕴含的不寻常。

秘语

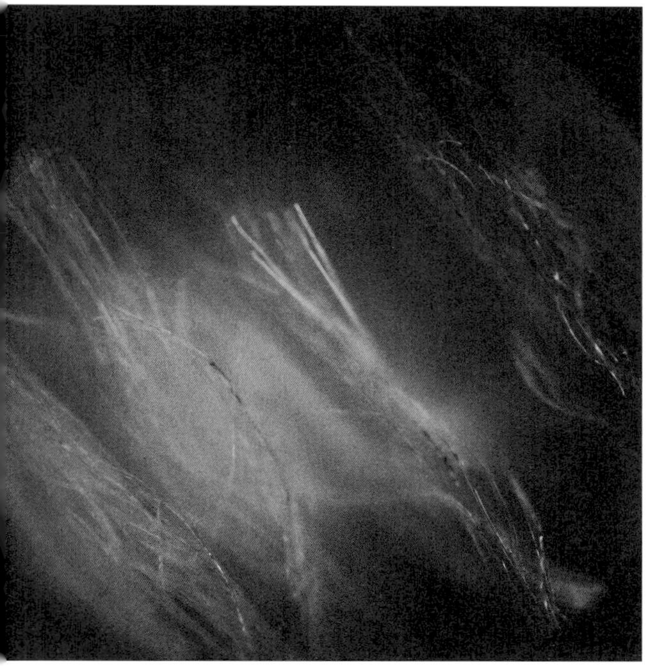

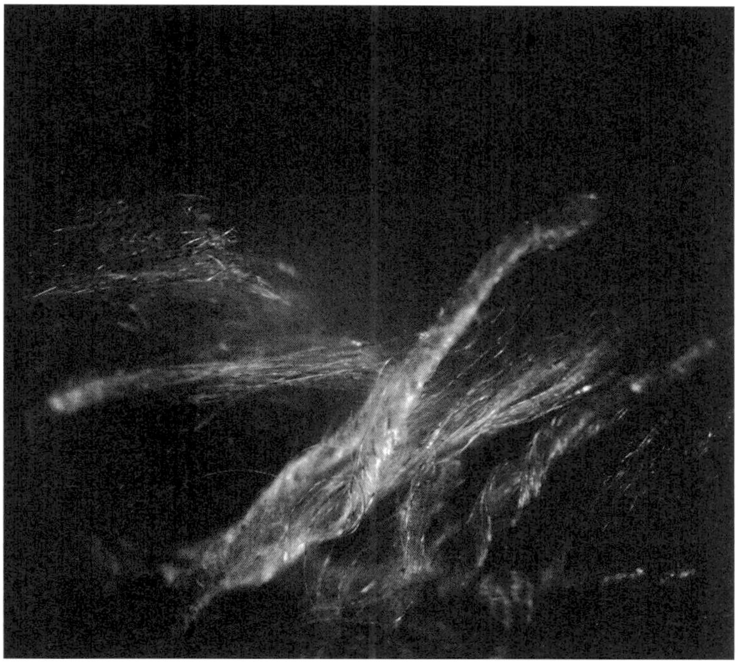

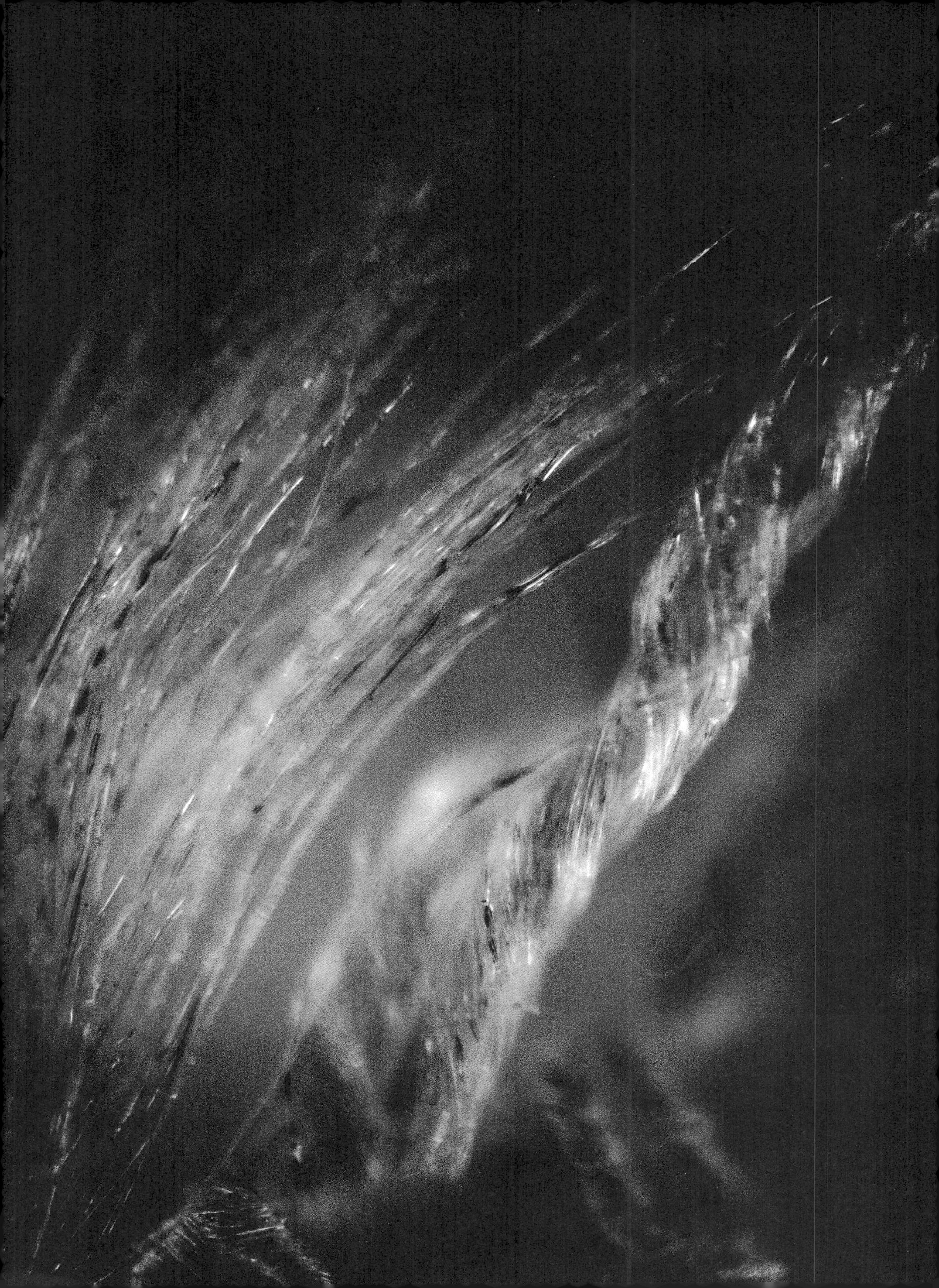

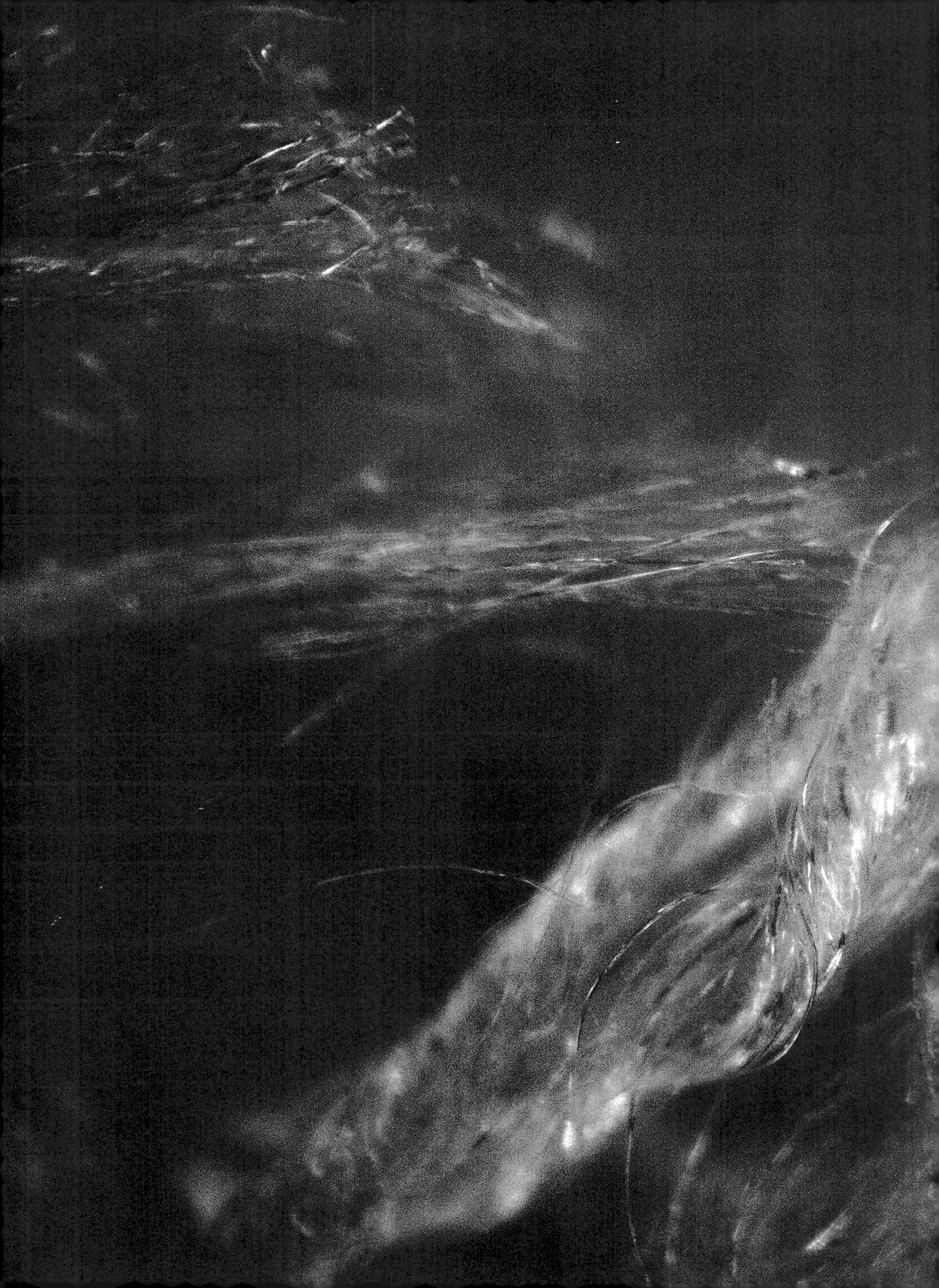

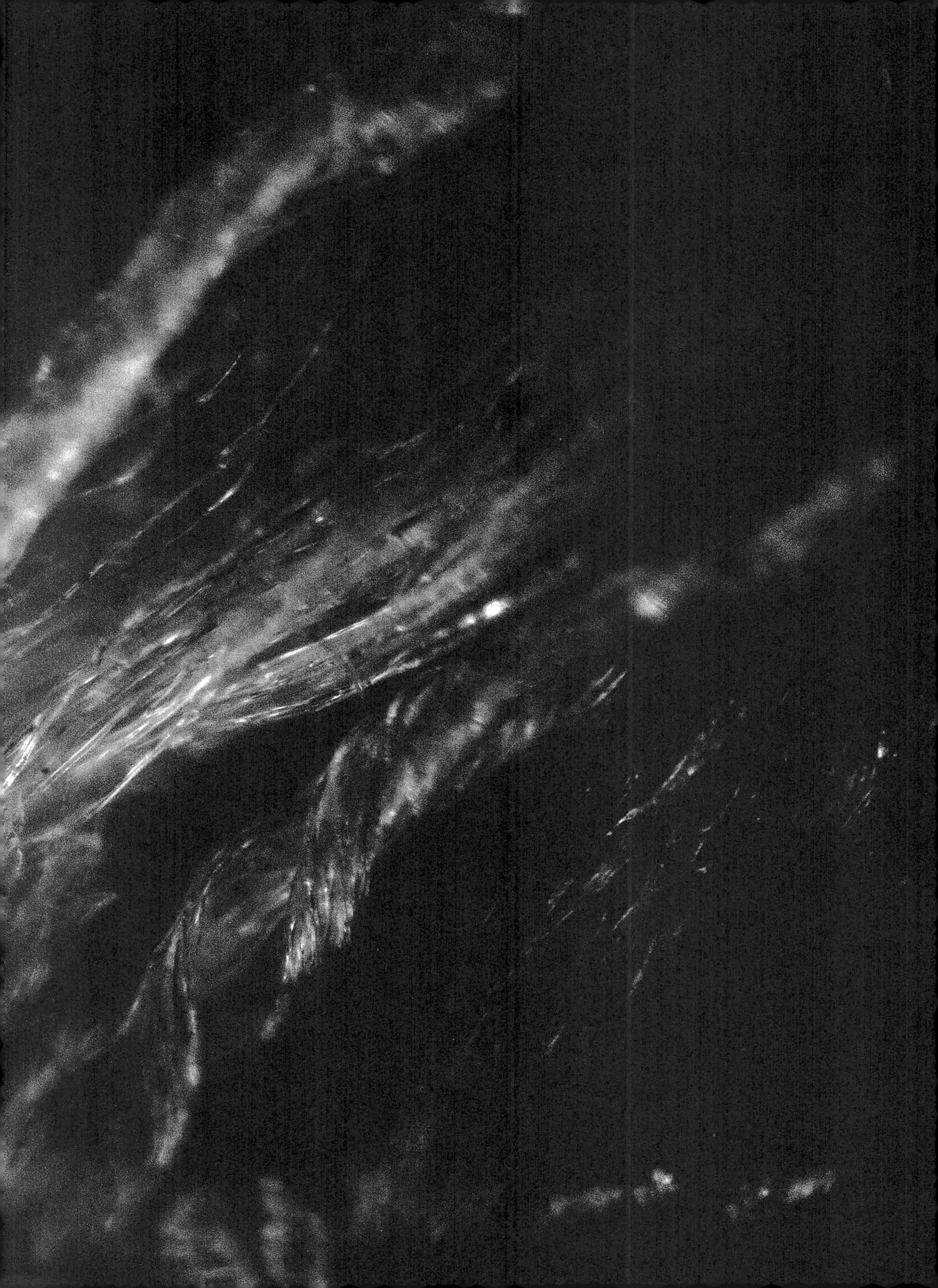

高山

作品以蚕丝作为材料，在太湖、钱山漾遗址、湖州桑基鱼塘、钱塘江、富春江等与丝绸文化相关的地方进行拍摄，使蚕丝与拍摄地发生关系，试图让蚕丝回归自然，与河流、树木形成一种彼此交融的共生关系。蚕丝具有天然的粘连性和包裹感，是温柔而内敛的存在，温暖的特质是它独有的。

浅藏的流淌

浅藏的流淌

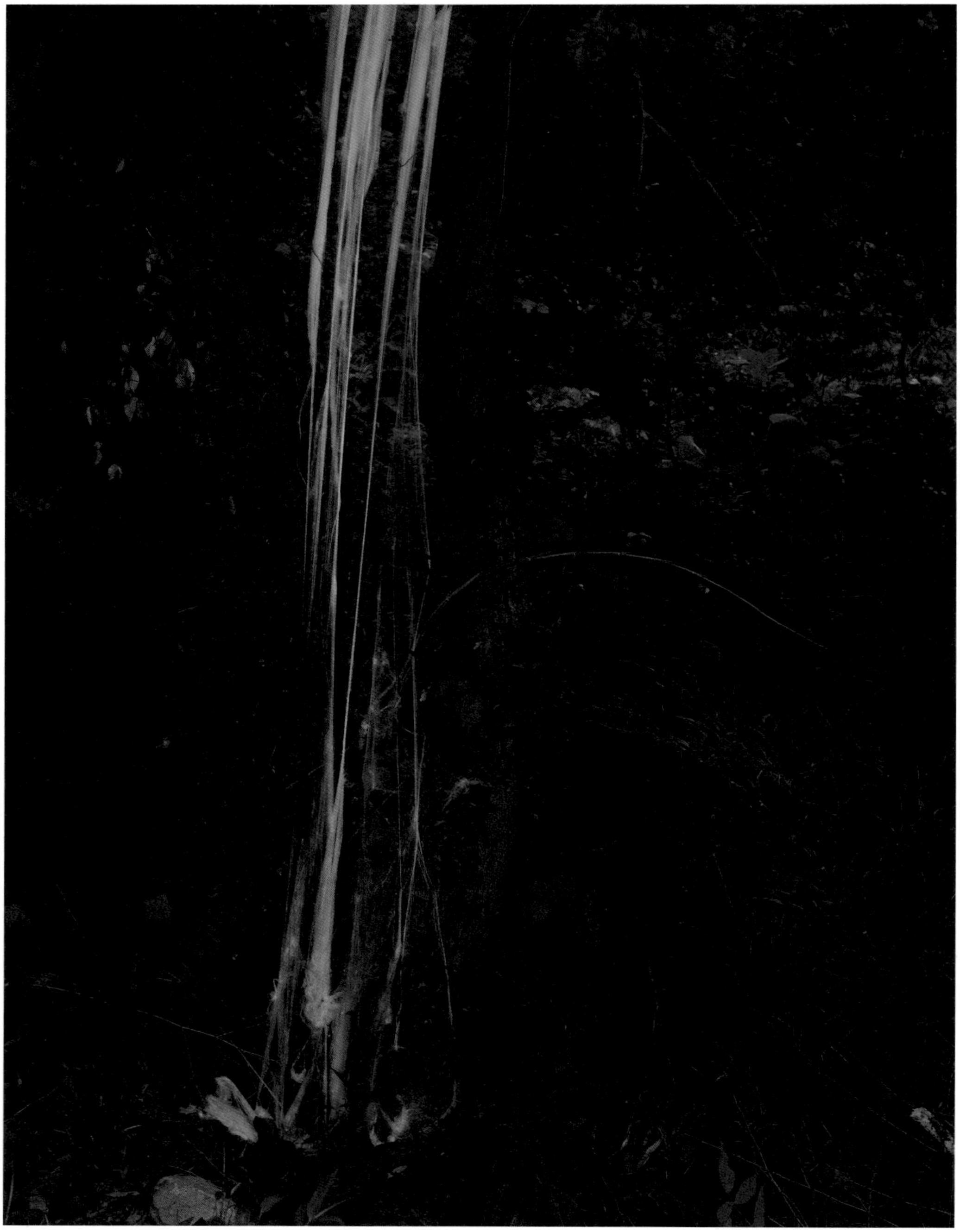

浅藏的流淌

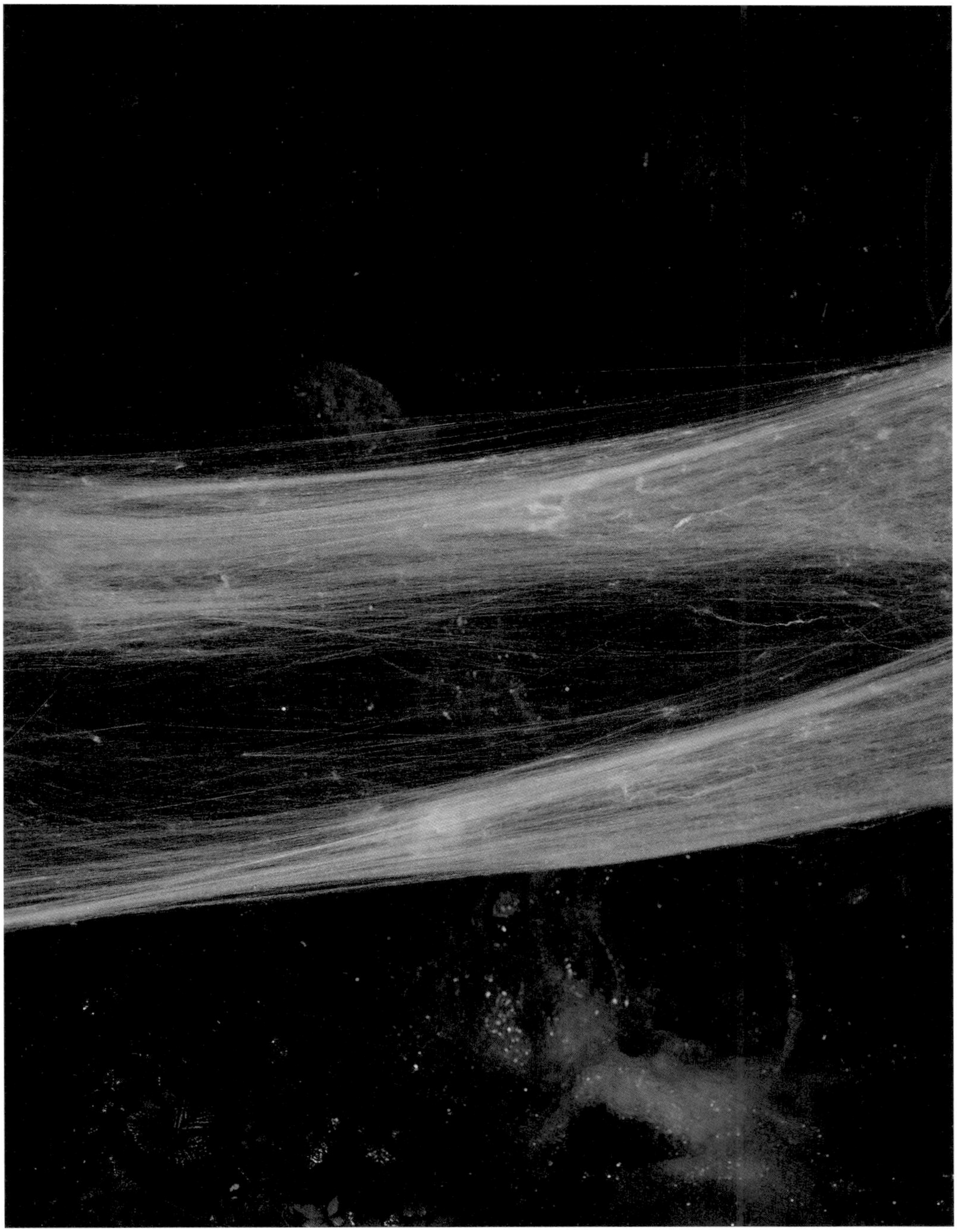

浅藏的流淌

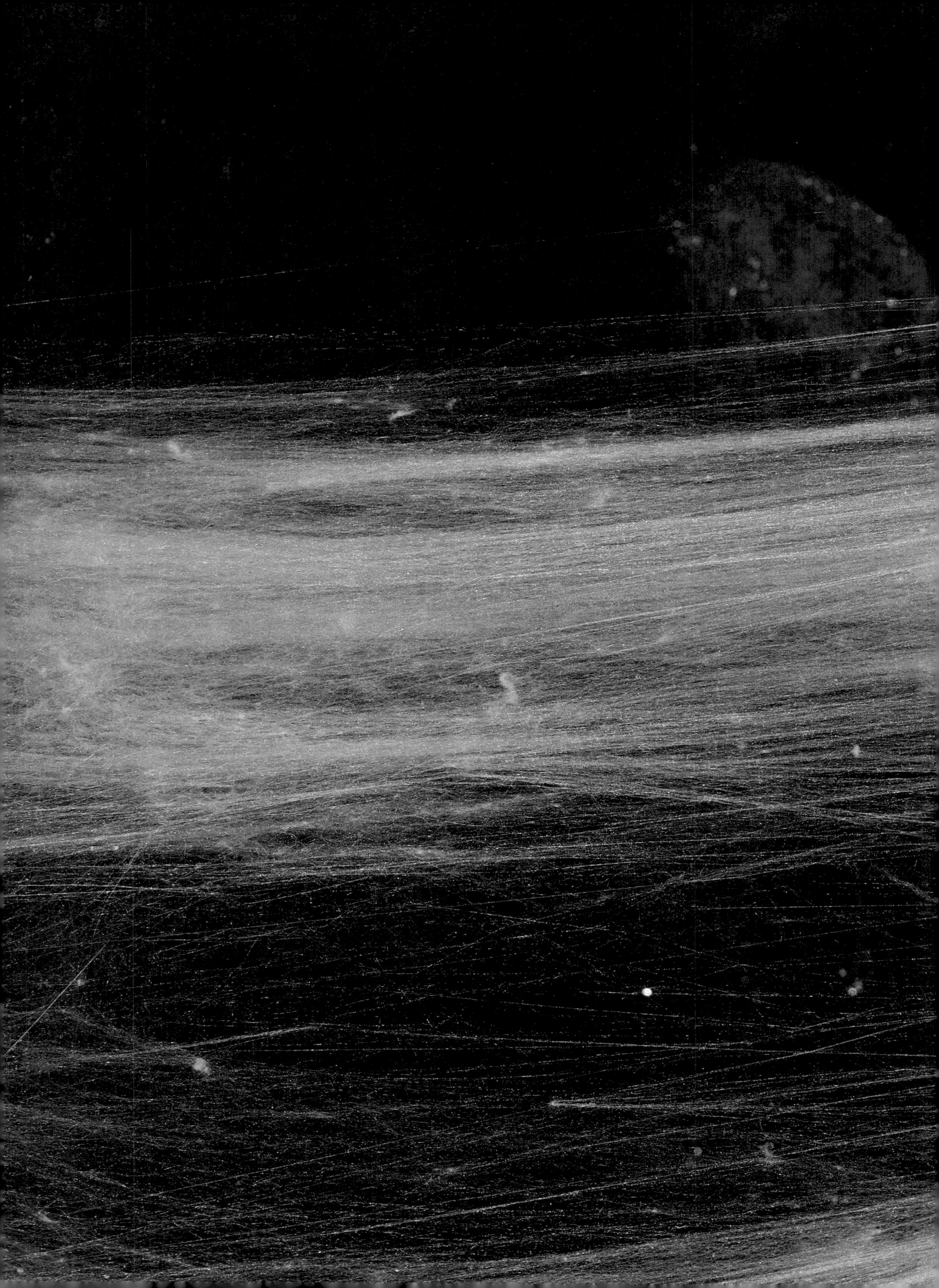

郭珈汐

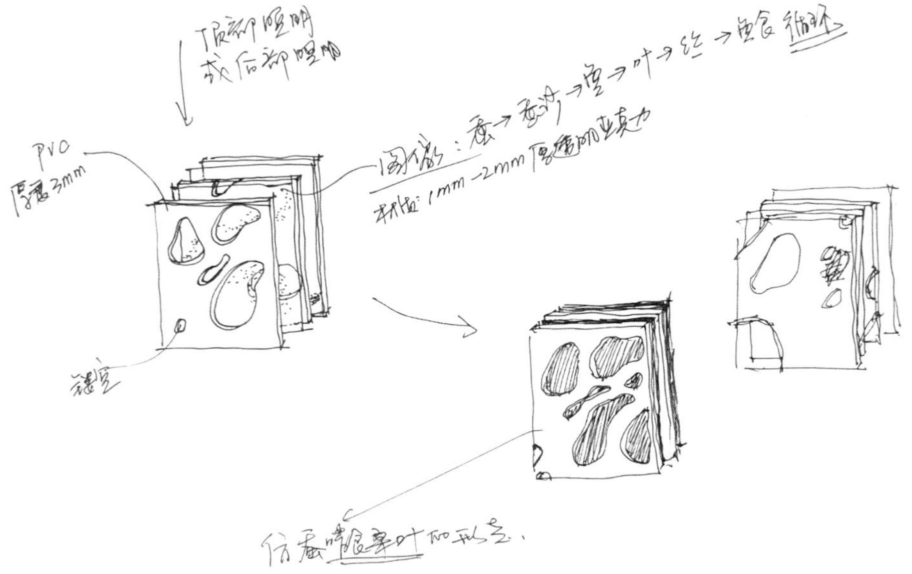

桑基鱼塘是为充分利用土地而创造的“塘基种桑、桑叶喂蚕、蚕沙养鱼、鱼粪肥塘、塘泥壅桑”的高效人工生态系统。从种桑开始，通过养蚕而结束于养鱼的生产循环，构成了桑、蚕、鱼三者之间密切的关系，形成一套比较完整的能量流系统。

从桑、蚕、鱼三者及其衍生物、补给物或其他形态出发，从剥离了多余色彩的影像形态上依然可以找出它们之间不可或缺的关联。我尝试构架出一种孔洞结构，贯穿各种示意着循环过程的图像，进而产生一种可视化的能量加固与提纯。借此为桑基鱼塘这种中国农耕社会最为高级的农业形态建立一种抽象的模型，也希望通过这种模型去观看生命、生态、自然的某种“天作之合”。

循环

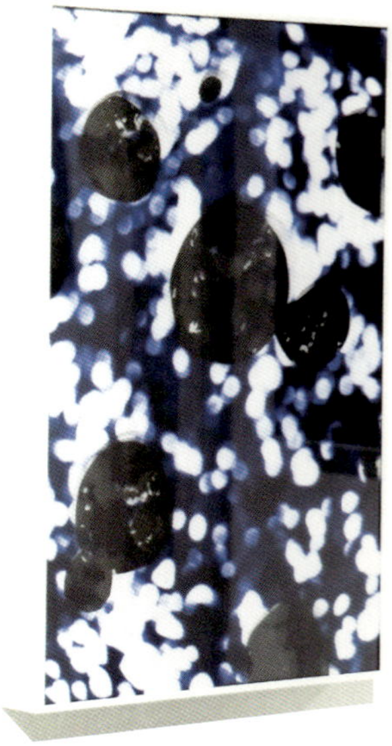

循环

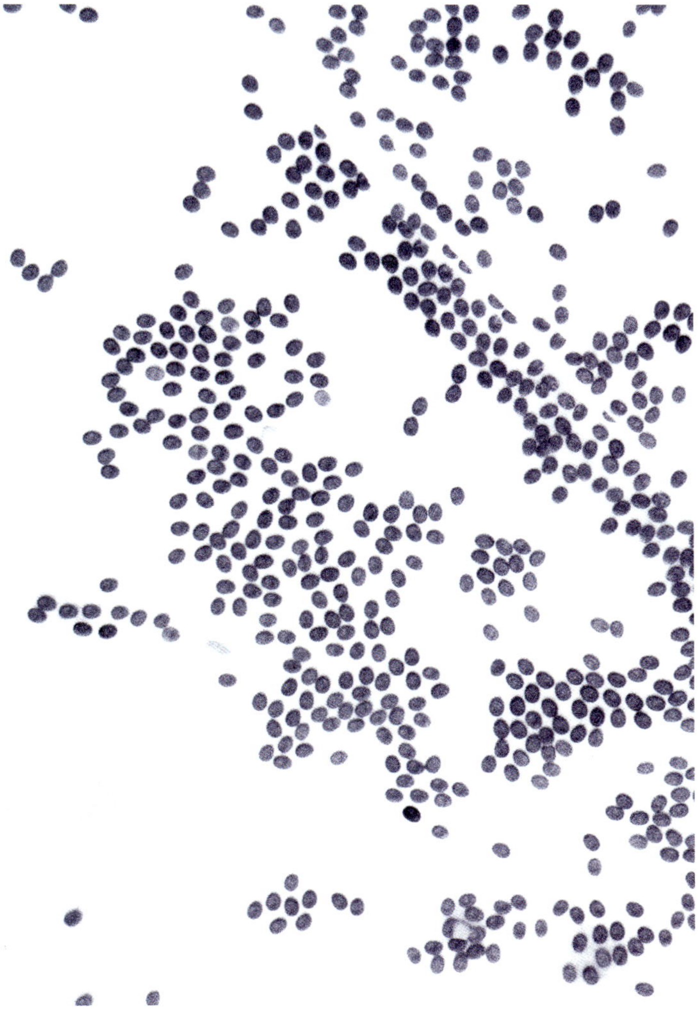

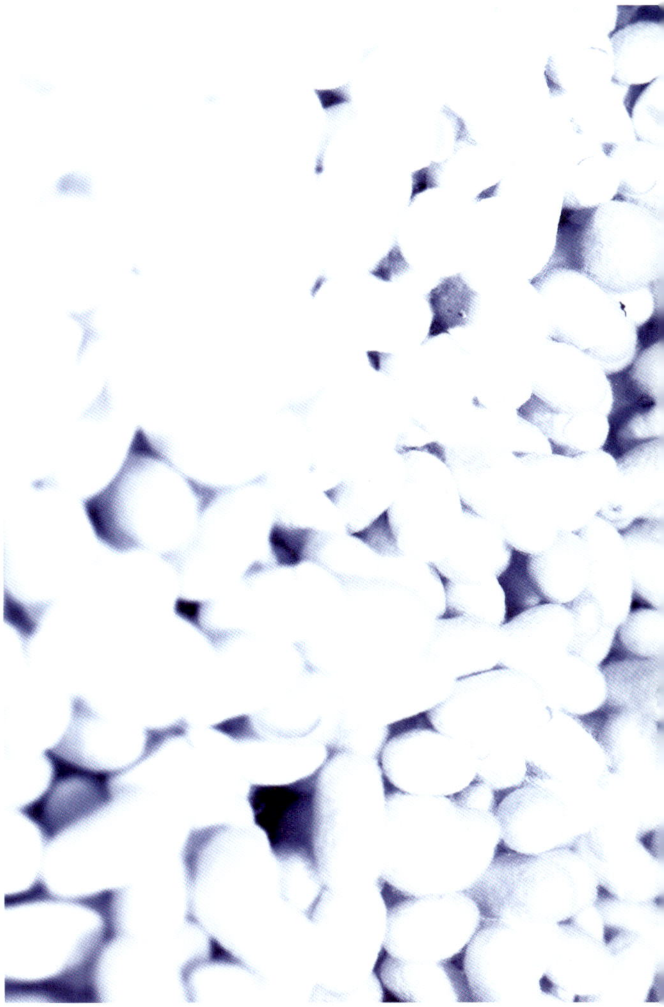

循环

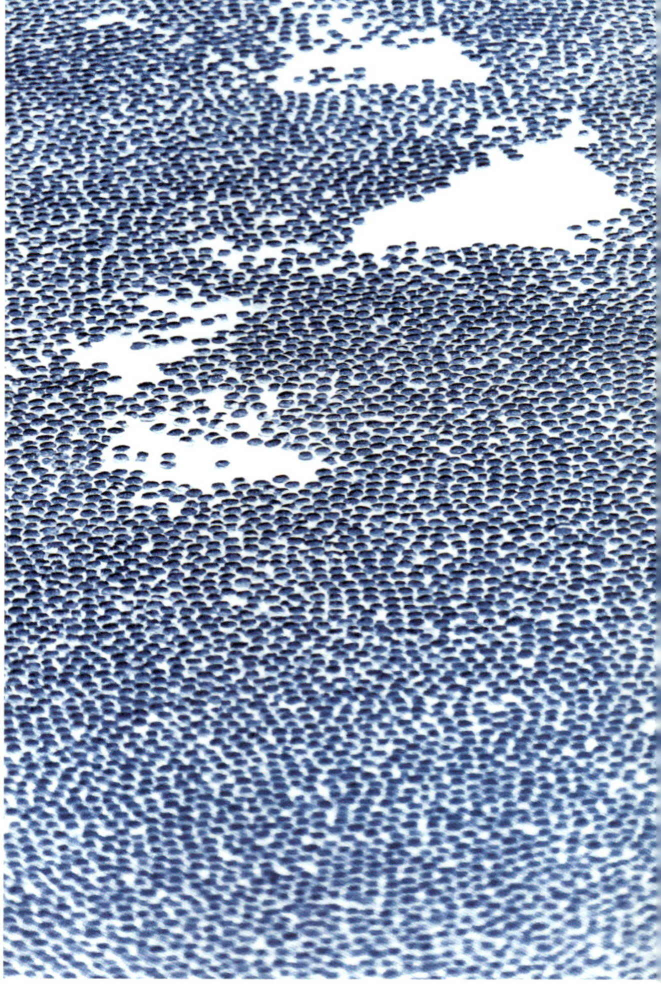

循环

李舜

我用相机的长时间曝光收集夜晚城市里各种稍纵即逝的光影，然后将抽象的光影线条在电脑里重新组合成看起来像书法的摄影作品，这是“光的书法”，时空的书写。在此次创作中，我选择了宋徽宗的《草书千字文》及陶渊明的《桃花源记》为创作蓝本，从“天地玄黄，宇宙洪荒”到“林尽水源，便得一山，山有小口，仿佛若有光”，致广大，尽精微，上天入地，“神游”其中。最后，我用蚕丝绢布呈现“光”的书法文本，轻盈透彻，灵动飘逸。

神游

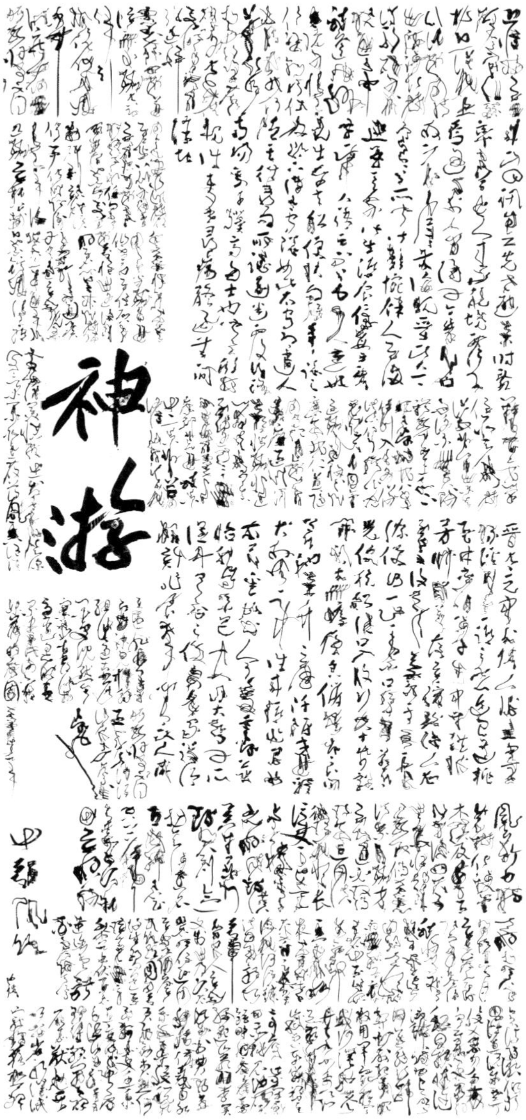
神游

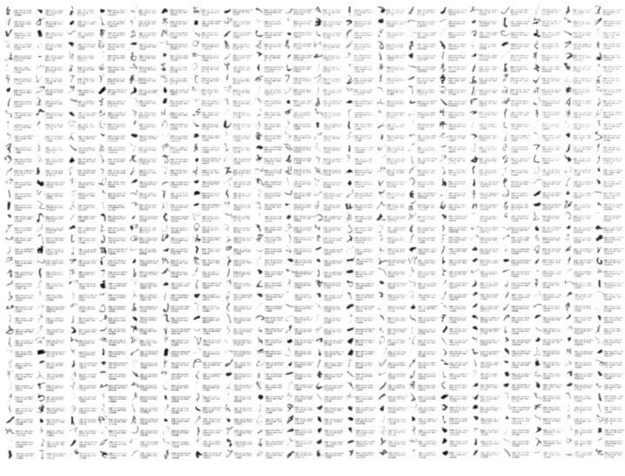

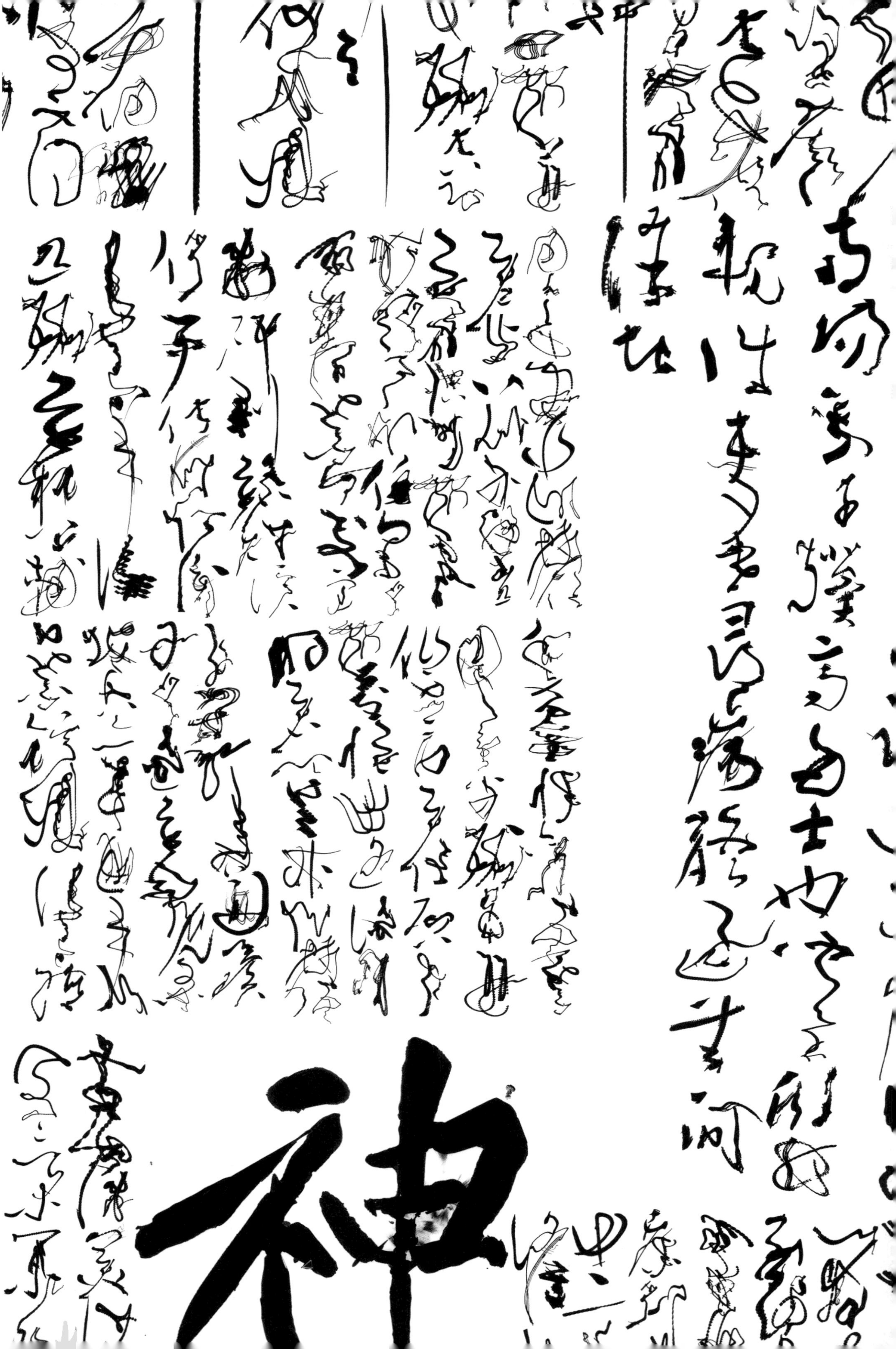
神

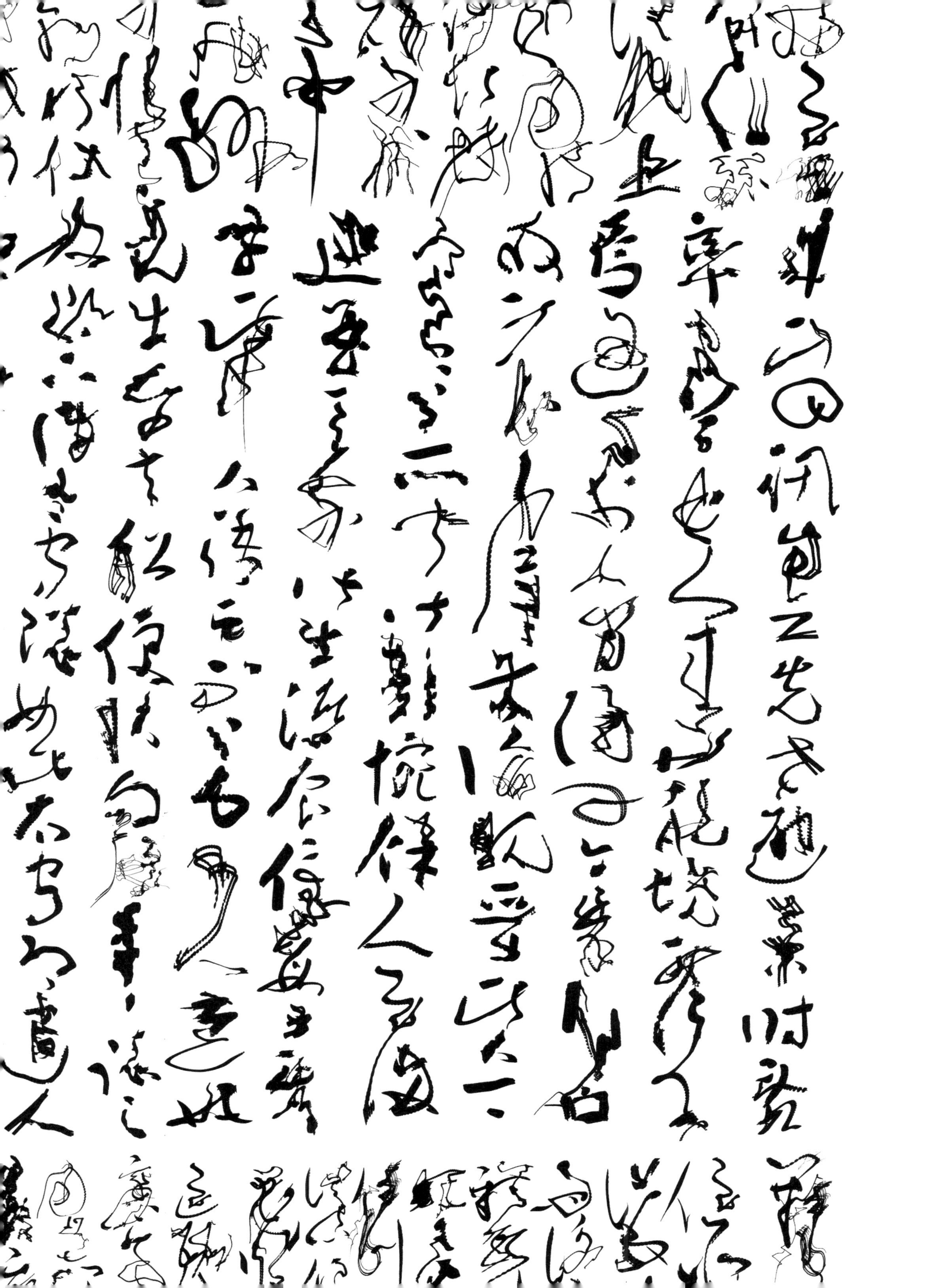

にはすれ山かぬ
おくうくきをちふくこむ
をかみたちつこふ
ら佐鬼らぞく
おらのわゝ二一な

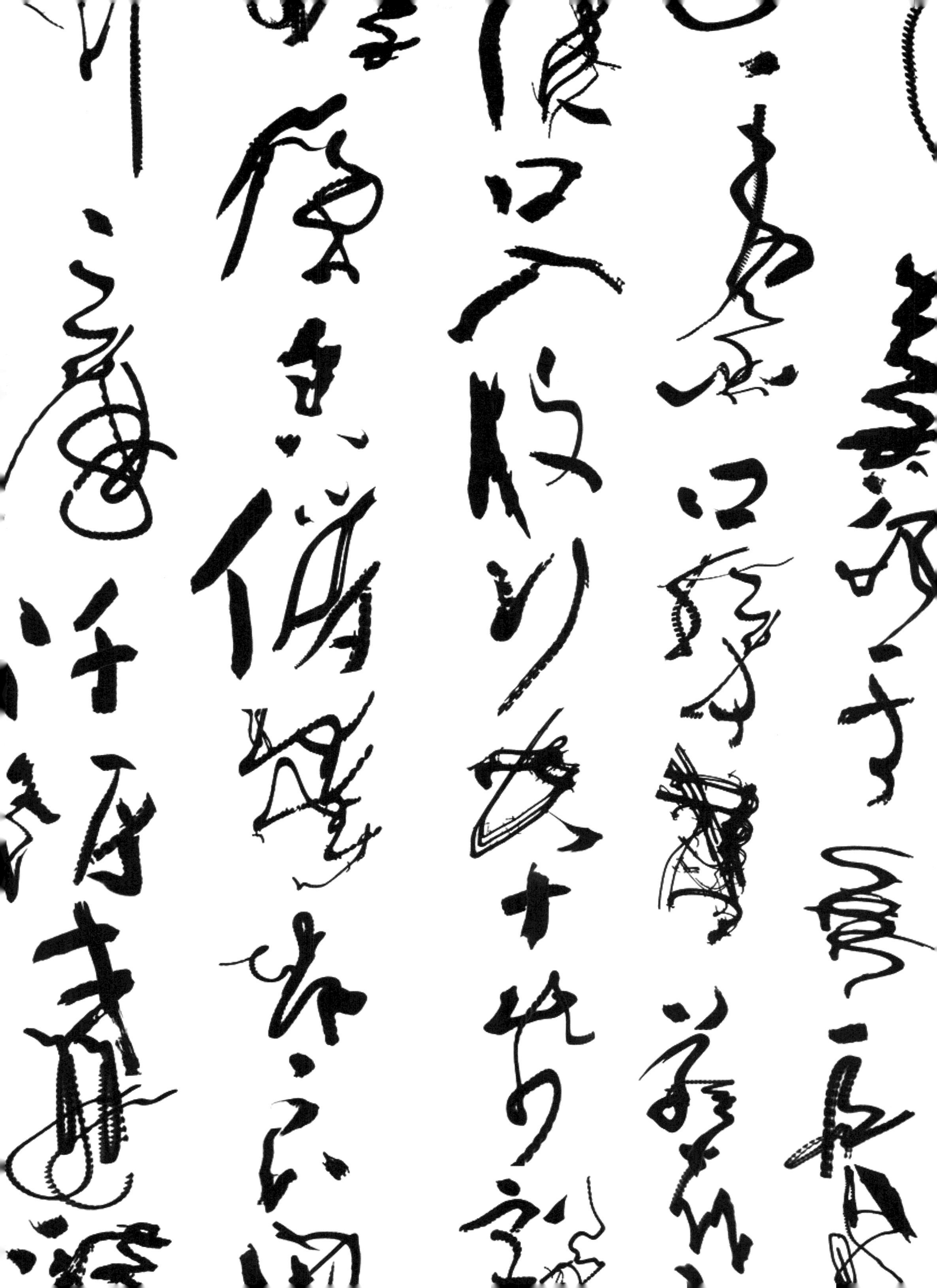

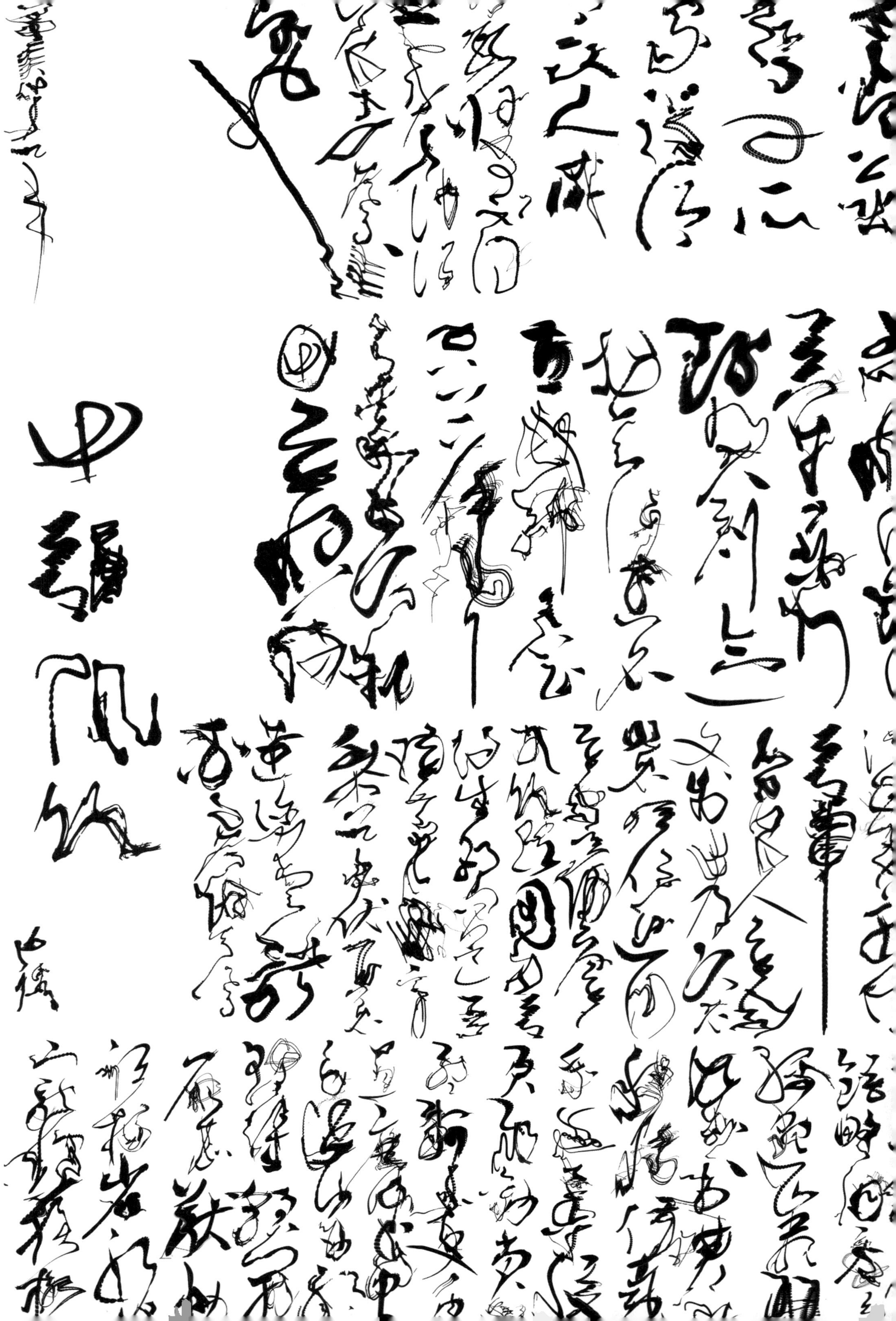

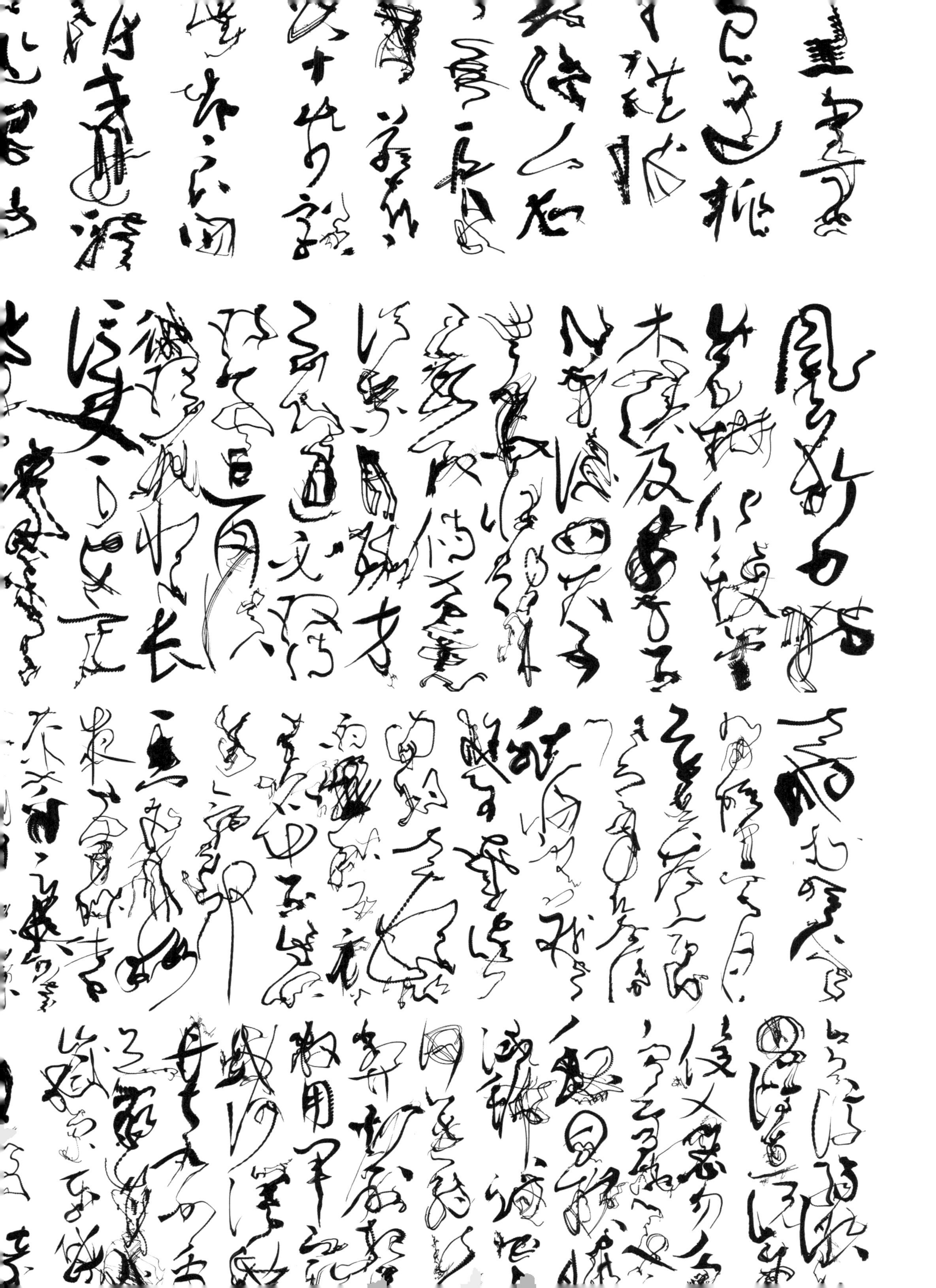

丘

关于钱山漾的想象，来源于路村的一位先生——钱山漾遗址发现者慎微之的希望和执着。满地的时间碎片，白鹭、稻田，还有桑树，都让人着迷。

关于钱山漾，先生写了十几本考古日记，描述着彼时的美好。沉浸在时间的渺渺长河里，人是那样的微小。我试图用拾回的时间碎片和蚕丝，描述一点点先生看见的美好。

先生充满希望，也有失望。此时的钱山漾土地肥沃，植物茂盛。一天夜里，我在村里的酒店过夜，服务员问我，你一个人吗？我说，难道不是吗？

缈缈 · 知微

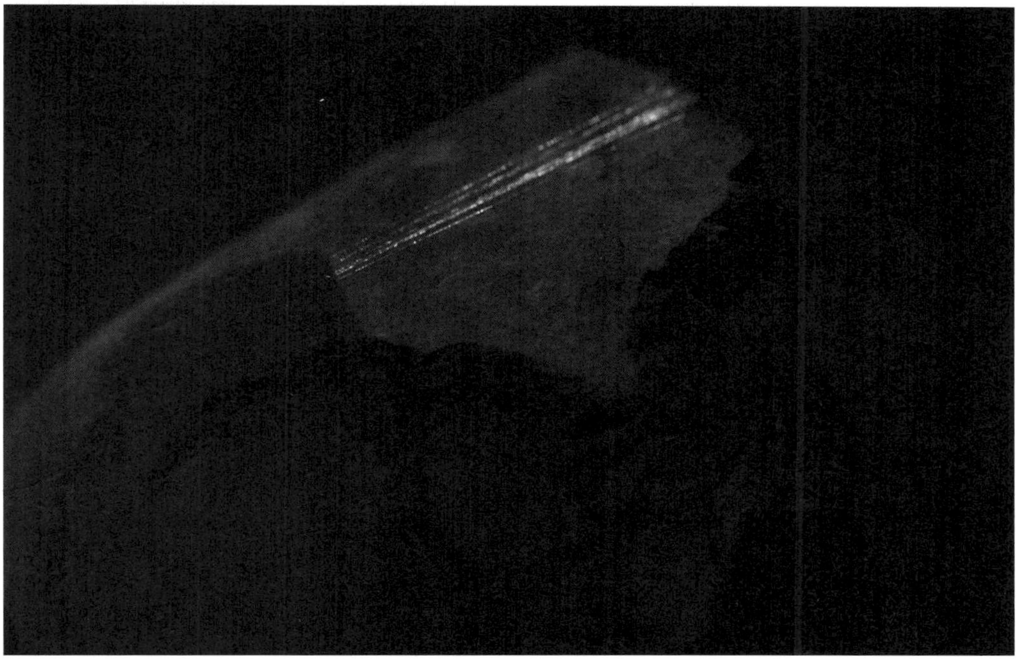

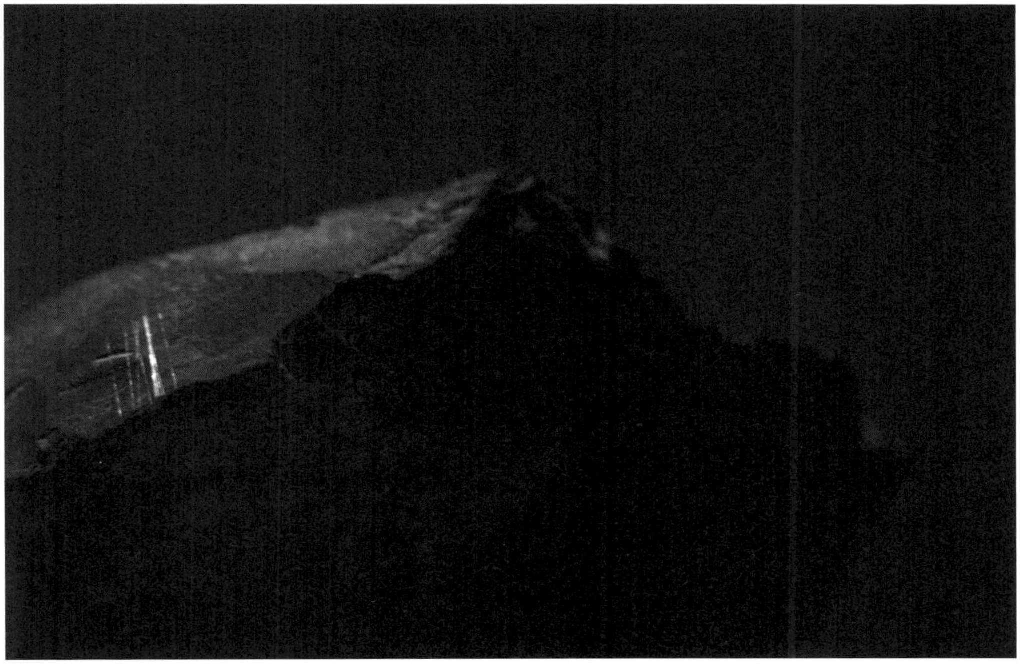

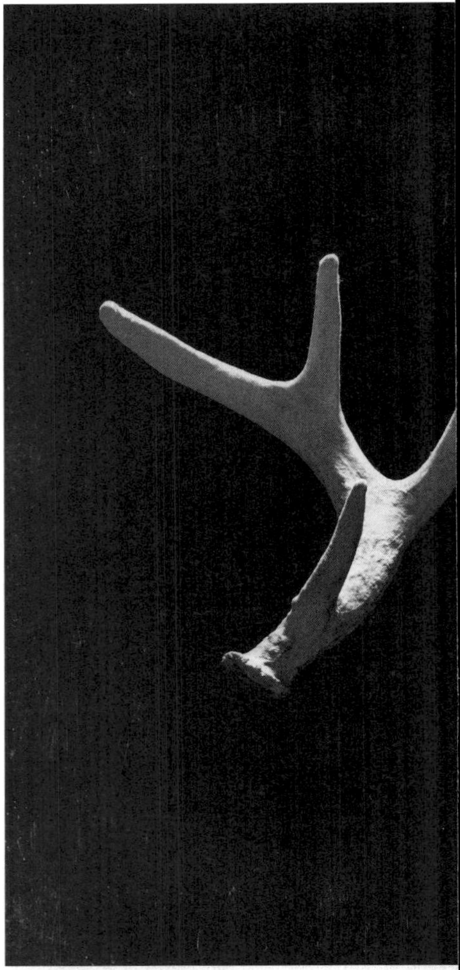

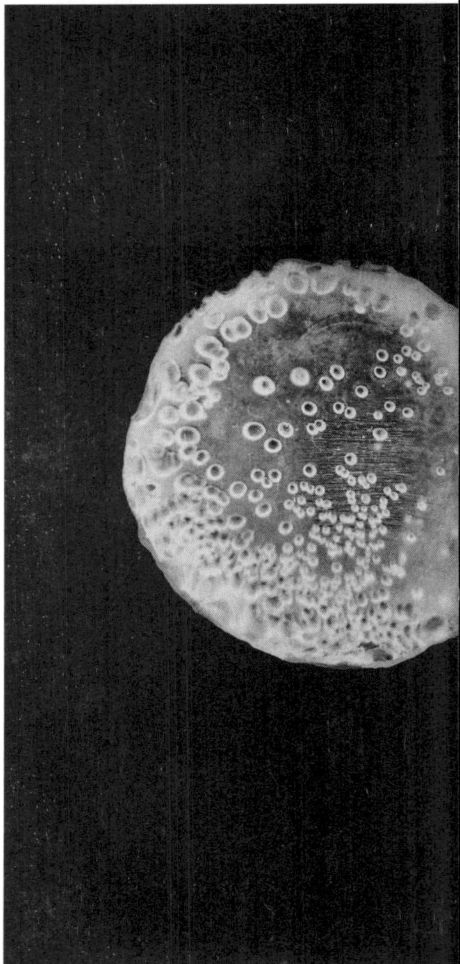

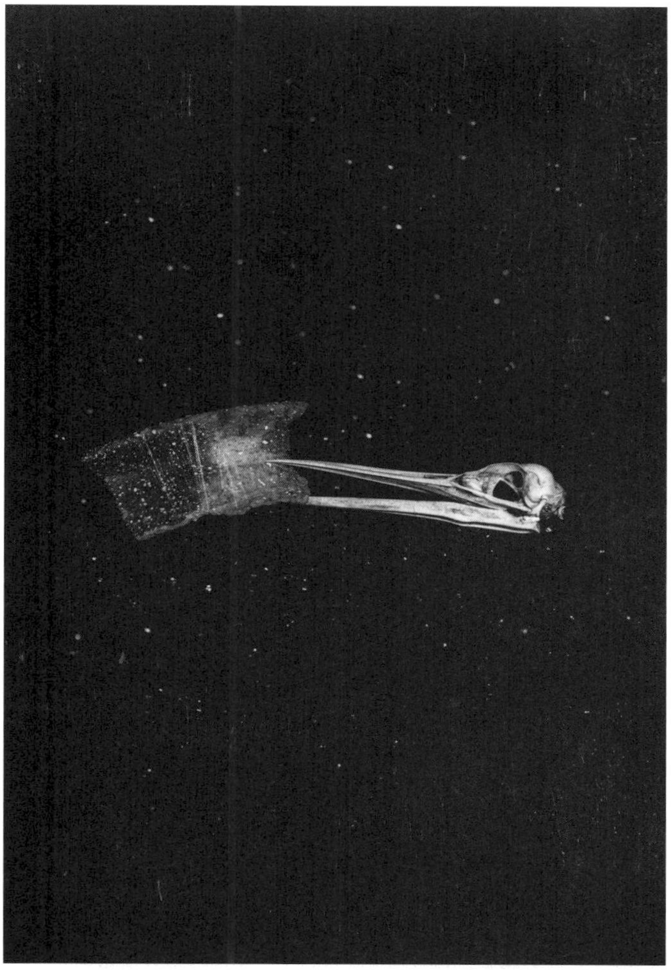

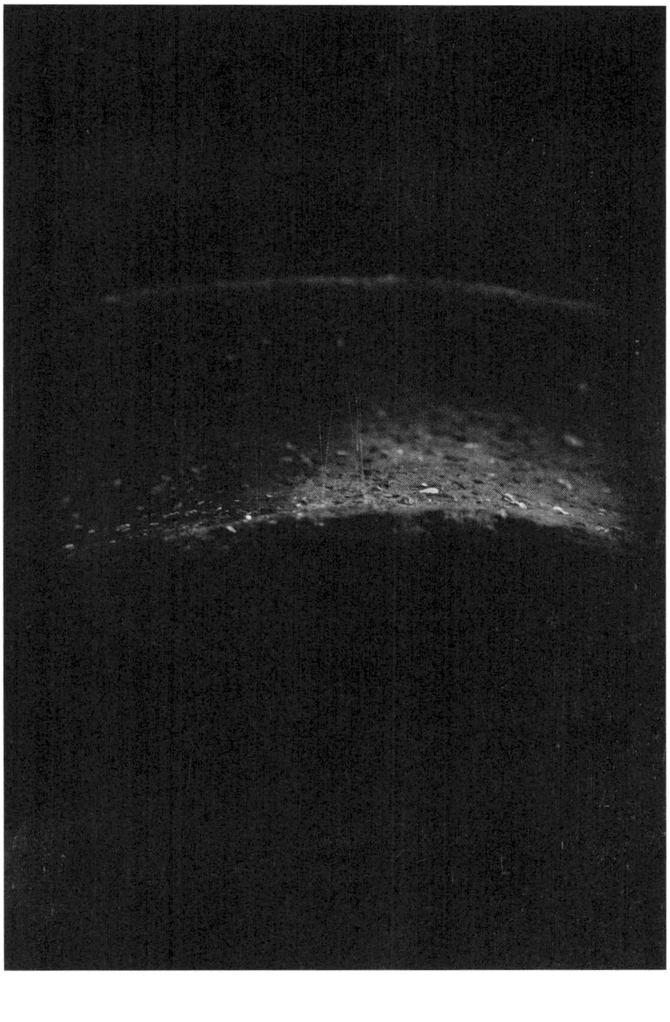
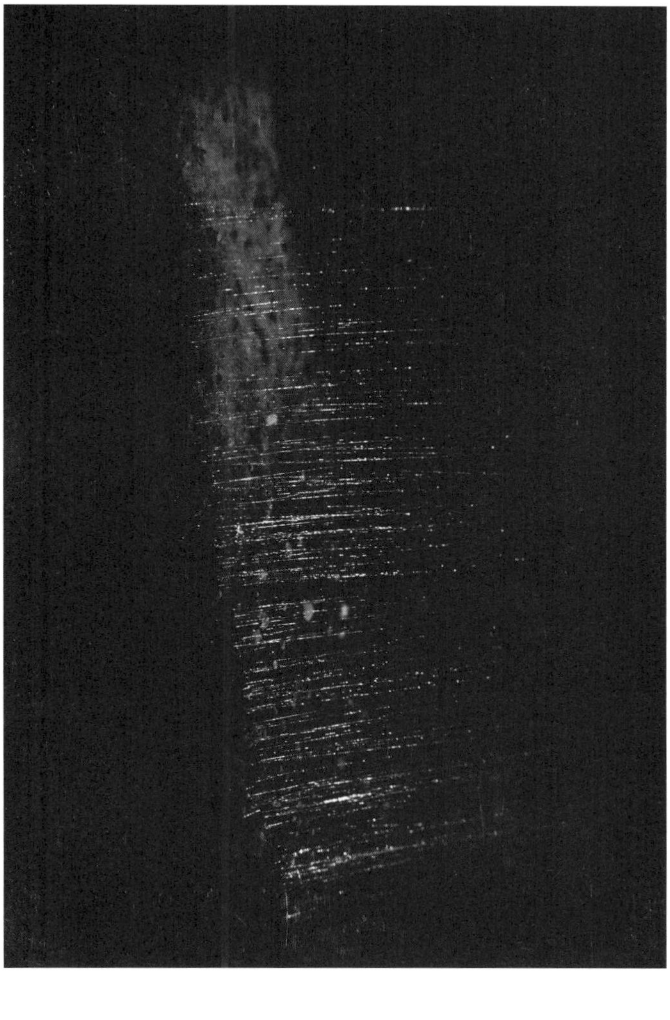

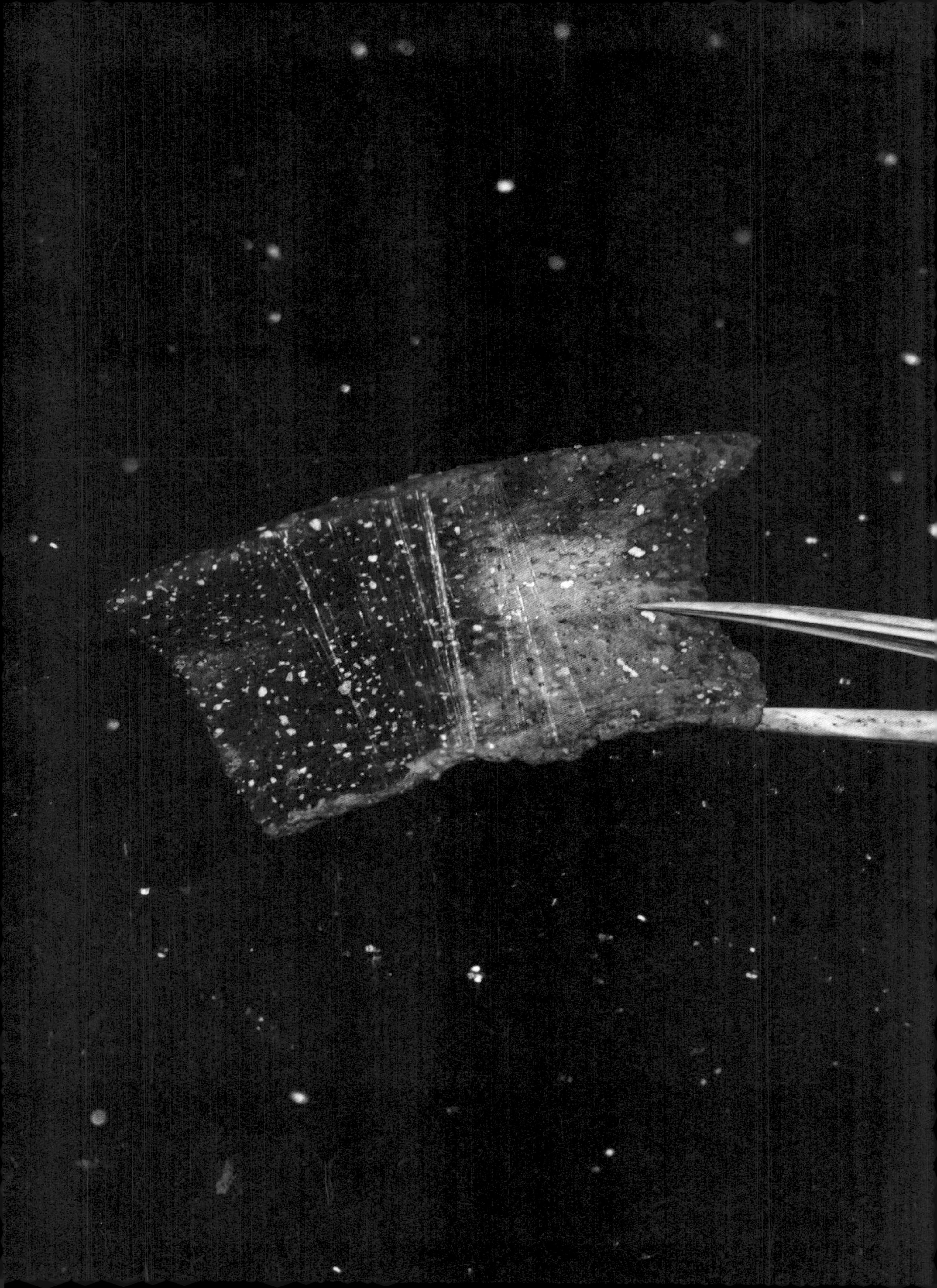

塔可

丝绸从汉朝起就已经是我国主要的出口产品了。千年以来，丝绸从江南、中原等产地，经河西走廊，跨越欧亚大陆，传到欧洲，而中华民族的灿烂文明，亦借助于丝绸这一象征，传遍世界。

作品从地域角度出发，用影像的手法，探索丝绸这一文化载体的特质与独特的文化贡献。我选取了杭嘉湖地区作为丝绸生产的地域样本，选取了河西走廊作为丝绸贸易的地域样本，力求展现由丝绸延伸出的文化交流和文明之间的碰撞。

坚简

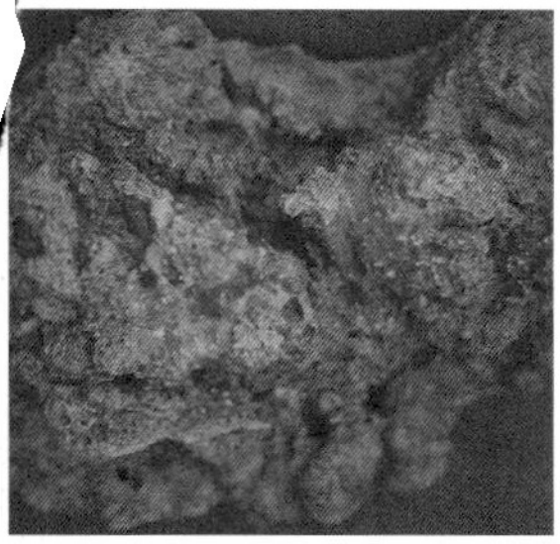

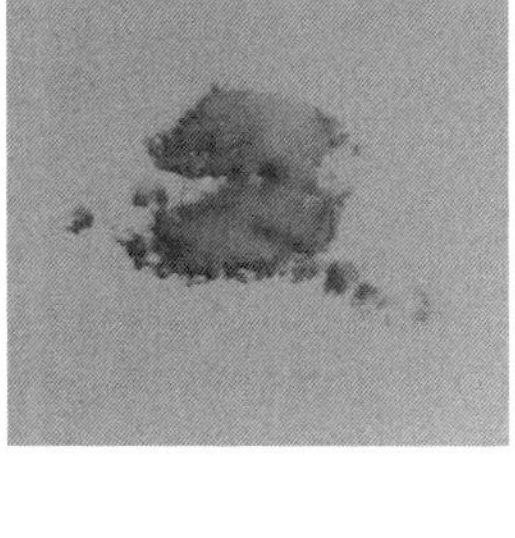

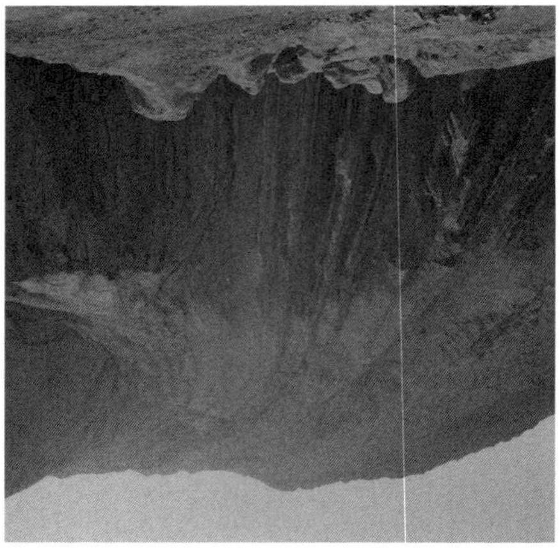

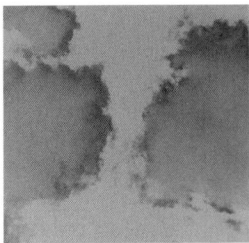

王家骏

四分之一个愿望，一方面表明了需要分享的心意，另一方面带来了对四分之三的憧憬。感光相纸上印着织绸厂内的工人、机器、工具和材料。这种在阳光下曝光，直到呈现出被摄物轮廓，并用定影液保留图像的方法叫作流明打印。和丝织品一样，时间和空间在图像中层层交织，某个时间片段被图像化。相纸上那些人、事、物，折叠的纸鹤，记录着关于丝绸的故事。

四分之一个愿望

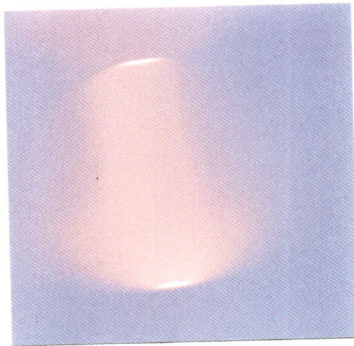

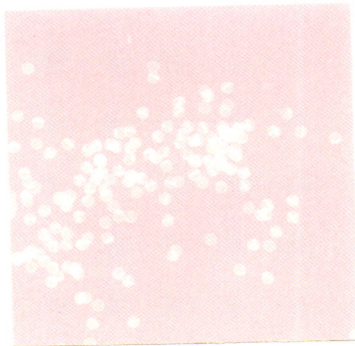

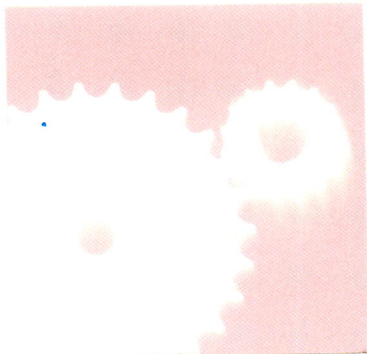

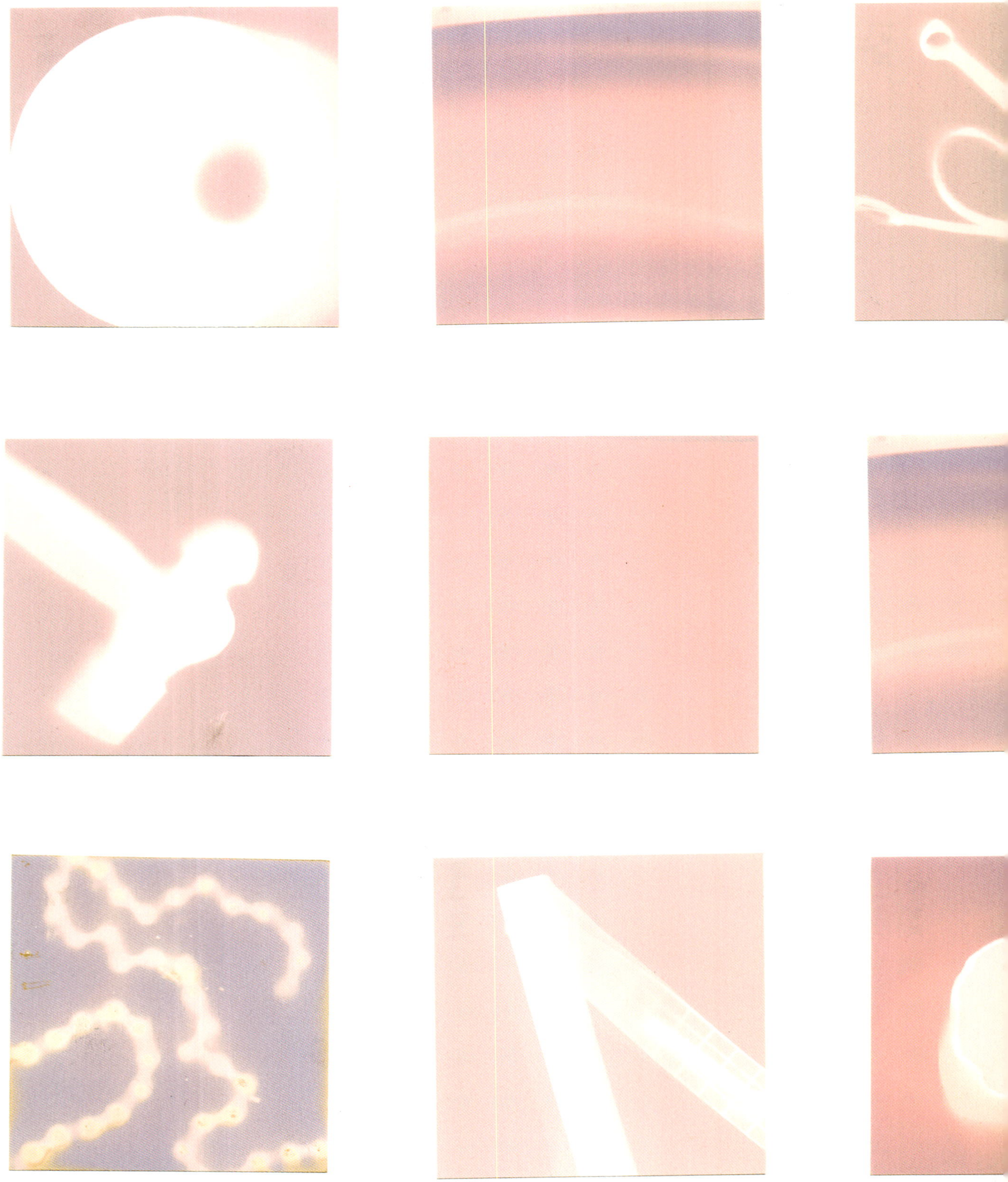

四分之一个愿望

四分之一个愿望

赵谦

作品将蚕和丝的生命周期与自然环境相融合，创造出一个让人无法第一眼辨别的场景，同时也构建了一种新的思考生物与人类关系的语境，让我们重新审视人类与其他生物的共生关系，倡导保护生态平衡。

乐园

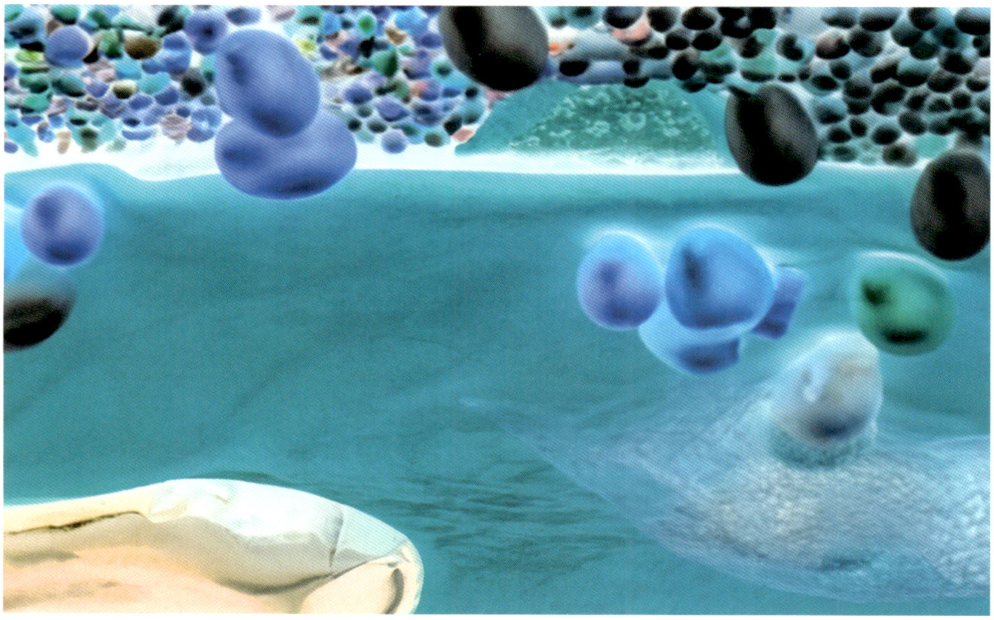

乐园

乐园

张晓

这些年我一直在收藏一些民间的物件，这些东西大部分并不能称得上真正的古董，其实也没有太多人关注。通过研究这些民间的物件，能够更好地理解我常年关注的民间美学。我们不能忽视这些物件，因为它们一直存在，并对很广泛的人群产生了影响。

织锦画是我一直在收藏的一个器物品类。织锦画也叫彩织，是一种有花纹图案的丝织品，画芯一般采用天然桑蚕丝，常以书画作品和照片为底本。随着机械化加工的兴起，织锦画也走入了平常百姓家。在那个物质并不充裕的年代，织锦画被当作一种高级的家装饰品，它比年画价格更高，也更有观赏性。我印象很深的是，小时候看到的织锦画都是装在玻璃相框里，要被保护起来，不像年画直接被贴在墙上，足见织锦画在人们家中的地位。

很少有人去注意织锦画的背面。一次偶然的机会，我打开了一个装有织锦画的相框，惊奇地发现了织锦画背面的精彩。由于织锦画的特殊工艺，它背面的图像类似于胶卷的负片，将这个负片按照暗房的方式扫描再反转之后，就可以得到一个与我们正常看到的正面不同的图像。这一面留下了许多生活的痕迹，却往往被忽视。

后风景

后风景

后风景

后风景

后风景

雷峰夕照

方志小说

淳安
建德
杭州
德清
湖州
桐乡
嘉兴
海宁

谢桂香

作品利用蓝晒法的曝光特性以及附着性，用 49 天把蚕从卵到蛾的整个过程感光于蚕吐丝结成的平茧上，方寸之间，死生一世。丝尽蚕亡，丝是蚕生命的遗留。蛾是蚕的重生和变形，在作品中，凋零的肉身铺成一片模模糊糊的影子。卵是生命的象征，结在两重生命的遗留之上。三重生命在 49 天中走完一个过程，叠成一个画面，生死一瞬间。

49 天

49 天

1 2019 年，菱湖丝厂的老水塔。当年建厂时专门配套建设的 50 吨水塔供水系统，如今被密密麻麻的爬山虎装扮。

2 2019 年，菱湖丝厂，曾经的办公楼，现人去楼空，被完全“绿化”了。

3 2018 年，杭州新华丝厂，办公楼里的“蚕茧科”标牌还在。

4 2018 年，嘉兴绢纺厂，行将改造的锯齿形主厂房。

5 2018 年，嘉兴绢纺厂，车间里残留的标语。

6 航拍的菱湖丝厂全景，旁边是 200 多年历史的安澜桥，桥边是原来的工厂蚕茧码头。

7 从菱湖丝厂，到现在的浙江制丝二厂，弹指一挥间，已有近 80 年，如今这座老丝厂，机器仍在运转，女工还在坚守，产品仍然保持全国生丝出口品质和数量领先地位。向坚守者致敬！

周红庆

桑基鱼塘的绿色能源

姜晓东

1 蚕桑博物馆位于松阳县古市镇十五里村，有大片桑叶地，成了游学基地。
2 蚕桑博物馆前面的大片桑叶地每年迎来许多游客前来采摘桑葚。
3 蚕桑博物馆饲养了许多彩色的蚕宝宝。
4 前来游学的学生用彩色的蚕蛹制作而成的一束花。
5 技术人员在指导养殖蚕宝宝。

蚕桑博物馆

姜豪

老人们说蚕蛾喜欢在宣纸上产卵，于是我将蚕的一生印于宣纸上。这是一段生命，是一段曾经发生过的历史，我见证着它们的生命，并在生命的轮回里无限缅怀。记录蚁蚕、熟蚕、蚕蛹、蚕蛾、产卵的过程，是一段奇妙的生命体验。在养蚕的过程中，能看到它们在每一个生命阶段不一样的生活特征。要蜕皮时仰头一动不动，要结茧时身体发亮到处吐丝，结成茧衣时把粪便以及水分排出茧外。有天晚上看着一只蚕宝宝用“八字摇头法”把自己慢慢淹没在茧衣之中，从凌晨一直守到天亮。之后，又目睹了破茧、交尾和死亡，似乎在它们身上看到了个体生存的共同点。

1	2	3
4	5	6
7	8	9

1. 蚕食　2. 蚁蚕　3. 四龄蚕
4. 吐丝　5. 结茧　6. 蚕蛹
7. 交尾　8. 蚕卵　9. 死亡

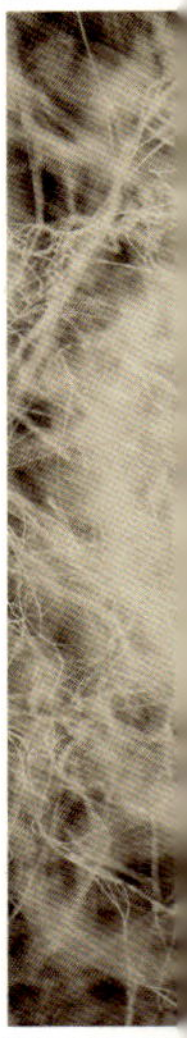

蚕

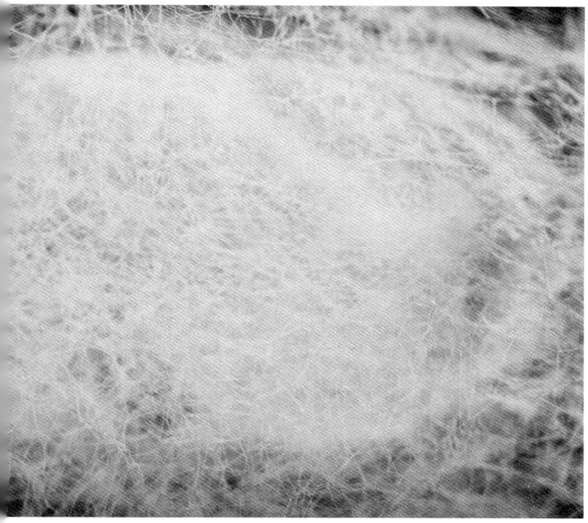

桑叶

许陈琪

云龙村因蚕而名，依蚕而兴，是浙江地区完整保留蚕桑生产民俗的村落。20 世纪六七十年代，云龙村因“亩产千斤桑百斤茧”闻名中外。2009 年，联合国教科文组织公布人类非物质文化遗产代表作名录，其中中国蚕桑丝织技艺项目申报书中便描述了云龙蚕桑生产民俗。

建于 20 世纪 60 年代的云龙茧站是新中国成立后海宁首座蚕茧收购中心，也是当时国内验茧水平最高、收茧规模最大的集中性蚕茧收购中心。2022 年，云龙茧站重新修缮，以全新面貌重现。茧站共两层，有收茧大厅、茧库、烘茧房和宿舍楼。其中，一层原有的收茧大厅和三处茧库作为展陈空间，还原了当年繁忙的收茧、烘茧场景；原有的烘茧房则恢复部分使用功能，同时引入蚕丝加工机器，为周边村民继续提供烘茧及加工服务。茧站的二层以研学旅游为主，以多样化的视听手段让游客走进云龙的蚕桑世界。

云龙茧站

雲龍英站

方炳华

雲龍茧站

采桑归途

肩挑银茧陆路奔

抓革命 促生产
74
云龙练厂

水乡河港运茧忙

集体缫丝剥丝棉

孙立东

云龙村集约化养蚕

商务部规模化集约化蚕桑基地项目
名　　称：海宁规模化集约化蚕桑基地建设项目
实施地点：海宁市周王庙镇云龙村
实施规模：525亩桑园，18户农户。
承担单位：浙江米赛丝绸有限公司
浙江雅云生态农业有限公司
浙江省经信厅　浙江省财政厅　2020年10月

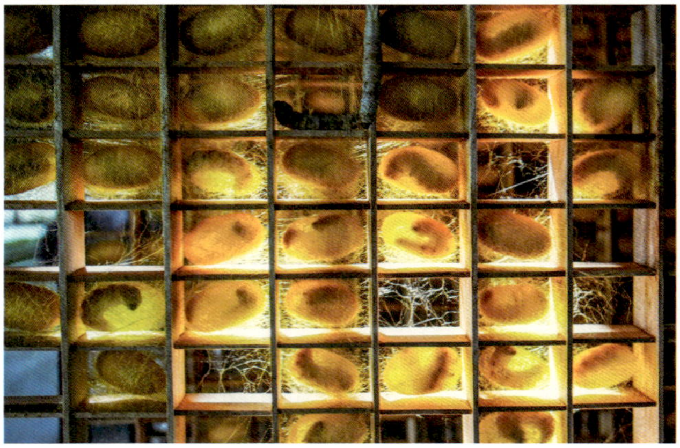

海蓝

云龙新景

蚕桑研习社
（研教楼）
卫生间

云龙
蚕桑文化研学营地
MULBERRY CULTURAL RESEARCH CAMP

图书在版编目（CIP）数据

中华蚕丝绸文化影像研究与再创作 / 沈治国等主编．
杭州：浙江大学出版社，2024. 12. -- ISBN 978-7-308-25734-3

Ⅰ. S88；TS146-092

中国版本图书馆 CIP 数据核字第 20241YJ200 号

中华蚕丝绸文化影像研究与再创作

沈治国　沈峰　季晓芬　余连祥　主编

责任编辑　牟琳琳
责任校对　吕倩岚
装帧设计　梁　庆
出版发行　浙江大学出版社
（杭州市天目山路 148 号　邮政编码：310007）
（网址：http://www.zjupress.com）
印　　刷　浙江海虹彩色印务有限公司
开　　本　889mm × 1194mm　1/16
印　　张　12.5
字　　数　90 千
版 印 次　2024 年 12 月第 1 版　2024 年 12 月第 1 次印刷
书　　号　ISBN 978-7-308-25734-3
定　　价　198.00 元